E. Sarva Rameswarudu
M. Kusumanjali

Estudos sobre codificador de dados de alto desempenho

E. Sarva Rameswarudu
M. Kusumanjali

Estudos sobre codificador de dados de alto desempenho

Acumulador ponderado de borboleta modificado

ScienciaScripts

Imprint

Any brand names and product names mentioned in this book are subject to trademark, brand or patent protection and are trademarks or registered trademarks of their respective holders. The use of brand names, product names, common names, trade names, product descriptions etc. even without a particular marking in this work is in no way to be construed to mean that such names may be regarded as unrestricted in respect of trademark and brand protection legislation and could thus be used by anyone.

Cover image: www.ingimage.com

This book is a translation from the original published under ISBN 978-620-6-78738-9.

Publisher:
Sciencia Scripts
is a trademark of
Dodo Books Indian Ocean Ltd. and OmniScriptum S.R.L publishing group

120 High Road, East Finchley, London, N2 9ED, United Kingdom
Str. Armeneasca 28/1, office 1, Chisinau MD-2012, Republic of Moldova, Europe
Printed at: see last page
ISBN: 978-620-7-70599-3

Conteúdo

RECONHECIMENTO

Agradecemos ao nosso honorável Presidente Sri **B. Srinivasa rao** garu Correspondente, **Instituto de Tecnologia e Ciência de Kakinada** por nos ter proporcionado um bom apoio docente durante todo o curso.

Involuntariamente Os nossos sinceros agradecimentos ao **Sr. N. Jennibabu,** diretor executivo do **Instituto de Tecnologia e Ciências de Kakinada,** pelo incentivo que nos deu e que contribuiu para a conclusão bem sucedida do livro.

Expressamos os nossos sinceros agradecimentos a todo o pessoal docente e não docente do departamento **de Engenharia Eletrónica e de Comunicações** pelo seu encorajamento para a conclusão bem sucedida do livro.

Um agradecimento sincero e sentido aos nossos adoráveis melhores amigos e aos meus queridos pais pela sua enorme motivação e apoio moral.

Dr. E Sarva Rameswarudu,

Sra. M. KUSUMANJALI

RESUMO

Devido a algumas circunstâncias no sistema informático, a correspondência entre os dados recebidos e os dados recebidos deve ser feita para garantir a recuperação correcta dos dados. A correspondência de dados não é mais do que a comparação de vários dados para verificar se são iguais ou não. Se os dados forem diferentes, é utilizado um algoritmo adequado para verificar em que ponto os dois dados diferem e depois corrigi-los. Como toda a gente precisa de obter dados correctos, há muita investigação a ser feita neste domínio. Neste projeto, é proposta uma nova arquitetura conhecida como BWAR (Renovated Butterfly Weight Accumulator), na qual o bloco de somadores é modificado para calcular a distância de Hamming, diminuindo a complexidade e melhorando a eficiência. BWAR também vem com recurso testável.

INTRODUÇÃO

Atualmente, a comparação de dados tem muitas aplicações em sistemas informáticos. A comparação de dados é muito importante devido ao problema da perda de dados nas comunicações. A comparação de dados é muito útil em estruturas que requerem a comparação de processos na memória cache, o que se traduz em perda de dados. Se os dados da cache tiverem de ser comparados, o endereço dos dados é comparado com todas as etiquetas da cache. A existência de uma comparação de dados está no caminho crítico do sistema, o que afecta o desempenho do sistema. Assim, se o algoritmo de comparação de dados for concebido com menos latência e menor complexidade, o desempenho do sistema aumenta, caso contrário, o desempenho do sistema é afetado. Assim, o algoritmo de correspondência de dados deve ser concebido com menos latência e complexidade, caso contrário os componentes do sistema não podem funcionar como aceleradores e o desempenho do sistema também será afetado negativamente. Vejamos um exemplo: se os dados na memória são protegidos por ECC, então os dados são primeiro codificados utilizando códigos de correção de erros, adicionando os bits redundantes aos bits de dados. Os bits redundantes são concebidos a partir dos bits de dados. Os bits redundantes, juntamente com os bits de dados, são guardados na memória. Os dados de entrada devem ser codificados e comparados com os dados armazenados. Os dados de entrada podem ser imagens, texto, ficheiros. Se ocorrerem erros nos dados de entrada, estes devem ser corrigidos e enviados de volta. Os algoritmos são concebidos de forma a proteger os dados para que estes não se percam. Outra razão para a perda de dados deve-se ao aumento da distância de hamming. Em VLSI, a área reduzida, a potência e o atraso têm grande importância. Assim, foi concebida uma arquitetura eficiente que implementa o algoritmo de correspondência de dados com menor complexidade e latência. Esta arquitetura implementa o método de comparação direta utilizando o acumulador de peso Butterfly, no qual existem vários blocos de somadores concebidos com um tipo de porta lógica reversível denominada HaghParast e a porta lógica reversível Navi (HNG) calcula a distância hamming.

CAPÍTULO 2

PORTAS LÓGICAS REVERSÍVEIS

LÓGICA REVERSÍVEL:

Em VLSI, a lógica reversível ganhou muita importância durante estes dias devido à sua baixa dissipação de energia. Na lógica reversível, há o mesmo número de i/p's e o/p's, ou seja, um número n de saídas para um número n de entradas. Cada entrada corresponde a padrões de saída únicos.

PORTAS LÓGICAS REVERSÍVEIS

Nas portas lógicas reversíveis, todas as portas têm o mesmo número de entradas e saídas. Existe um mapeamento de um para um entre as entradas e as saídas. As saídas podem ser determinadas a partir das entradas. As entradas são recuperadas a partir das saídas. Como as entradas não serão perdidas, desenvolve-se uma caraterística testável. Assim, estas portas lógicas reversíveis enquadram-se nesta comparação de dados. As entradas e as saídas adicionais são adicionadas algumas vezes para que as entradas e as saídas sejam iguais.

ENTRADAS+CONSTANTES ENTRADAS=SAÍDAS+ LIXO

O lixo não é mais do que saídas extra adicionadas ao portão para o tornar reversível.

CUSTO QUANTUM:

É definido como o número de portas lógicas reversíveis necessárias para realizar um circuito. O custo quântico de 1*1 portas lógicas reversíveis é 0, 2*2 portas lógicas reversíveis é 1.

ALGUMAS PORTAS LÓGICAS REVERSÍVEIS: NOT GATE:

- A porta Not é uma porta lógica reversível
- Tem um custo quântico de 0.

Fig 2.1 Porta não

PORTÃO CNOT

- O portão CNOT é um NOTGATE CONTROLADO.
- É uma porta lógica reversível 2*2.
- A porta CNOT tem entradas A, B e saídas P, Q.
- O custo quântico é de 1 para esta porta CNOT.

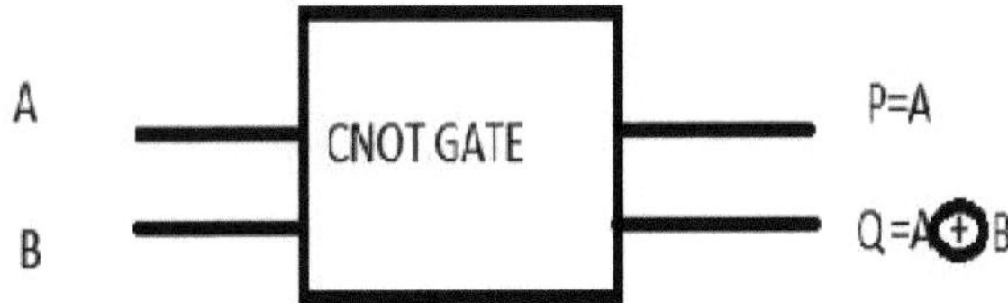

Fig 2.2 Porta Cnot

PORTÃO DE FEYNMAN

- É também designado por Controlled NotGate.
- O portão de Feyman é 2*2gate.
- É utilizado para fins de fanout.
- As entradas da porta de Feynman são A, B. As saídas da porta de Feynman são P, Q. O custo quântico da porta de Feynman é1.

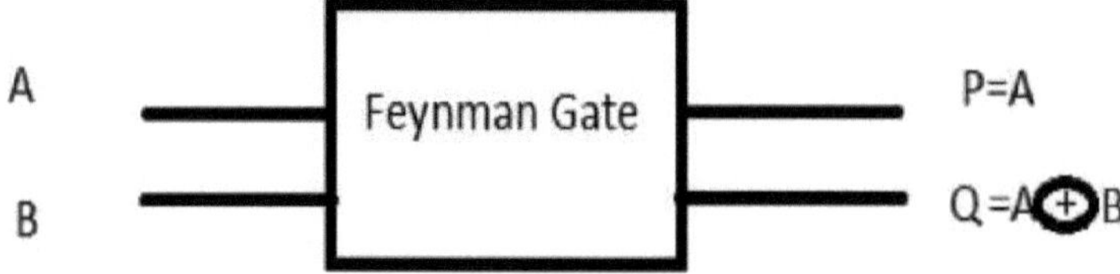

Fig 2.2 Porta de Feynman

TOFFOLIGATE

- São 3*3 portas.
- Os vectores de entrada da porta de Toffoli são A, B, C e os vectores de saída são P, Q, R.
- O custo quântico da porta de Toffoli é de 5.

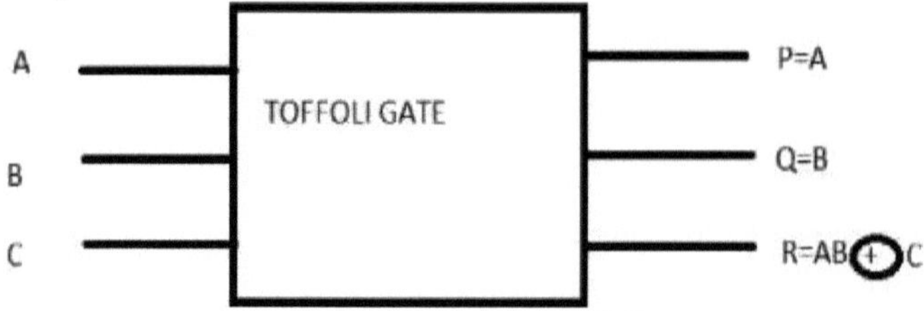

Fig 2.3 Porta de Toffoli

PORTA DE FREDKIN

- O portão de Fredkin é 3*3gate.
- As entradas são A, B, C e as saídas são P, Q, R.

Fig 2.4 Porta de Fredkin

PORTA DE PERES:

- O Peres Gate tem 3 entradas e 3 saídas.
- As entradas são A, B, C e as saídas são P, Q, R.

- O custo quântico do portão de Peres é de 4.

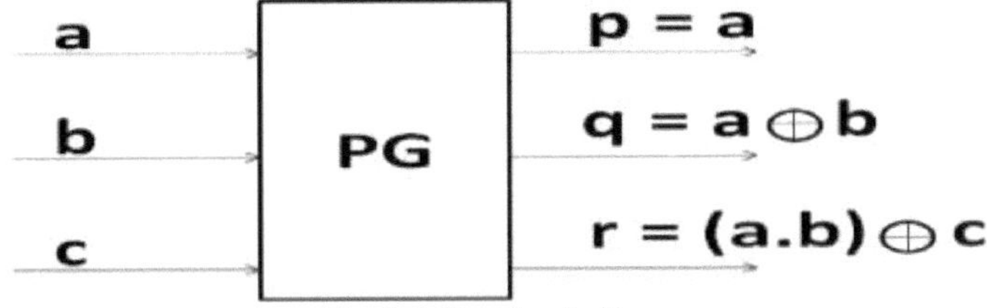

Fig 2.5 Portão de Peres

HN GATE:

- É também conhecida como porta lógica reversível HAGH PARAST E NAVI.

- A porta HN tem 4 entradas e 4 saídas.

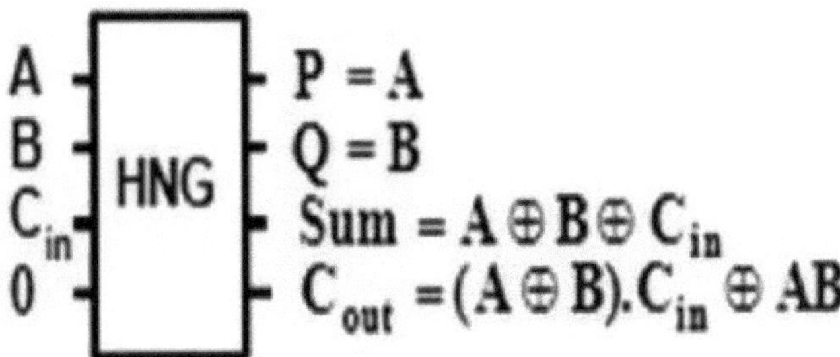

Fig 2.6 HNGate

APLICAÇÕES DAS PORTAS LÓGICAS REVERSÍVEIS

As portas lógicas reversíveis têm muitas aplicações em computação, as aplicações de portas lógicas reversíveis em velocidade, área eficiente e área como:

- **Em Nanotecnologia**
- **Computação de ADN**
- **Comunicação**
- **Tecnologia CMOS de baixo consumo**
- **Computador Quântico**
- **FPGA'S em cmos**

□ Outra aplicação são:

- Computadores portáteis

- As portas lógicas reversíveis são utilizadas em componentes lógicos reversíveis, através dos quais são construídos os computadores quânticos.

- Utilizado em naves espaciais

Dispositivos médicos implantados

Cartão inteligente

9

SISTEMA ACTUAL

DETECÇÃO E CORRECÇÃO DE ERROS:

Na comunicação, existem vários métodos de deteção e correção de erros. No método EDAC, os erros são detectados num canal ruidoso do meio de transmissão devido a uma falha de hardware, a uma operação de leitura ou de escrita na memória. Na memória, o método EDAC existente é o dos Códigos de Correção de Erros. No ECC os dados são codificados e guardados na memória. Os bits de informação enviados são acompanhados de bits redundantes, ou seja, que são criados em função dos bits de informação. Os bits de informação e os bits redundantes são armazenados no mesmo local. Durante a operação de leitura, é efectuada uma verificação dos erros para verificar se foram introduzidos durante a operação de leitura ou de armazenamento.

ERROS

Existem três tipos de erros. São eles

ERRO DE BIT ÚNICO:

Neste caso, apenas um bit está corrompido. Na figura seguinte, mostra-se claramente que só existe um bit de erro.

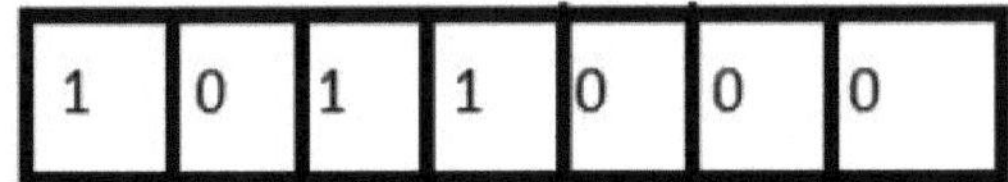

Fig 3.1 Palavra de código enviada com erro de bit único

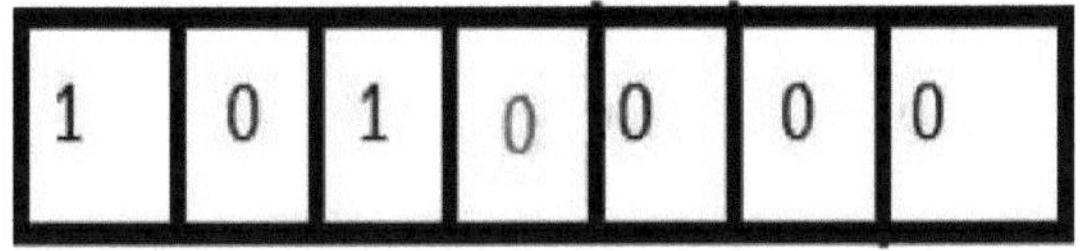

Fig 3.2 Erro de bit único Palavra de código recebida

ERRO DE BIT MÚLTIPLO:

Mais do que um bit está corrompido.

Exemplo: Neste caso, a palavra de código enviada e a palavra de código recebida diferem em mais de 1 bit.

Fig 3.3 Palavra de código enviada com erro de múltiplos bits

Fig 3.4 Erro de múltiplos bits Palavra de código recebida

ERRO DE BIT DE RAJADA:
Neste tipo de erro, dois ou mais bits consecutivos são corrompidos.
No exemplo abaixo, a palavra de código enviada é corrompida por três bits consecutivos.

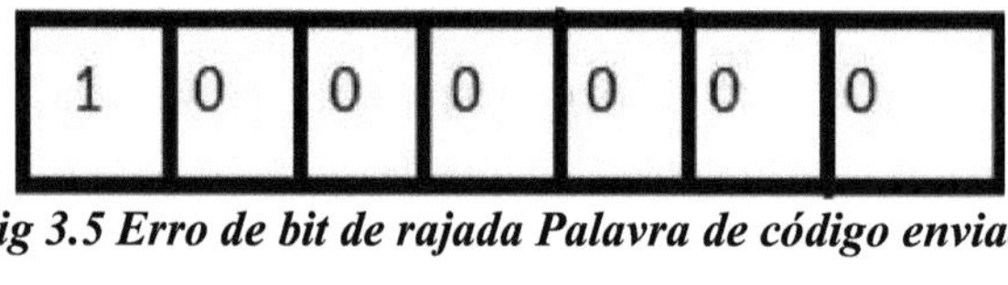

Fig 3.5 Erro de bit de rajada Palavra de código enviada

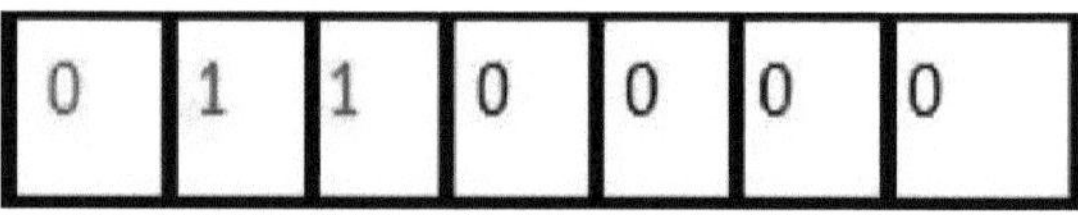

Fig 3.6 Erro de Burst Bit Palavra de Código Recebida

DETECÇÃO DE ERROS:
A deteção de erros é definida como a sequência de números que detectam a ocorrência ou não de um erro.

CARACTERÍSTICAS DOS CÓDIGOS DE DETECÇÃO DE ERROS:
• No método EDC, o destinatário envia um feedback de erro ao remetente. Se ocorrer um erro, o utilizador tem de enviar novamente a mensagem.

• Estes códigos são códigos de bloco, em que a mensagem também inclui bits redundantes para correção de erros.

• O método EDC detecta apenas os erros, não requer o tipo de erro nem o número de erros.

Técnicas de código de deteção de erros:

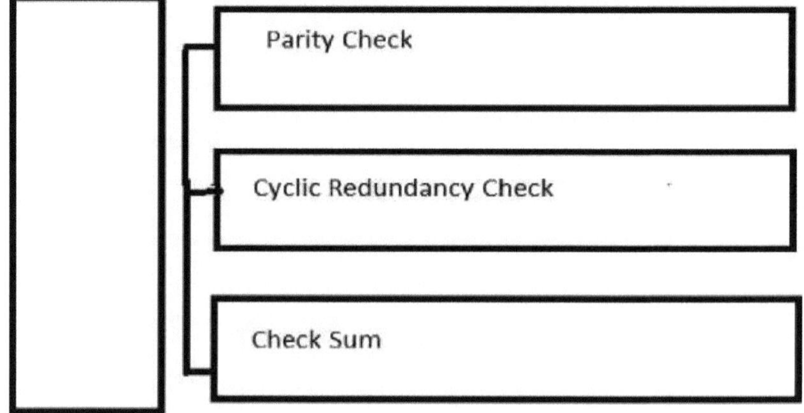

Fig 3.7 Técnicas de código de deteção de erros.

1. PARIDADE:

A paridade é uma técnica simples de deteção de erros que envolve a adição de um bit extra, chamado bit de paridade, a um bloco de dados. O objetivo do bit de paridade é garantir que o número total de uns (para paridade par) ou zeros (para paridade ímpar) nos dados mais o bit de paridade seja par ou ímpar, dependendo da paridade escolhida. O emissor conta o número de uns nos dados e define o bit de paridade em conformidade antes de enviar os dados. O recetor conta o número de uns nos dados recebidos (incluindo o bit de paridade) e verifica se corresponde à paridade esperada. Se a contagem não corresponder, é detectado um erro. A paridade é adequada para detetar erros de um só bit, mas não pode corrigir ou detetar erros de vários bits.

• A paridade é um bit extra adicionado aos dados para que o número de 1's seja próximo de PARIDADE ÍMPAR ou PARIDADE ÍMPAR.

• A paridade é adequada apenas para a deteção de erros de bit único.

• O remetente conta o número de bits durante o envio do quadro e adiciona um bit extra, conhecido como bit de paridade, da seguinte forma

> PARIDADE PAR: Se a paridade for par (o número de 1's é par), o valor do bit de paridade é 0; caso contrário, o valor do bit de paridade é 1.

> PARIDADE ÍMPAR: Se a paridade for ímpar (o número de 1's é ímpar), o valor do bit de paridade é 0; caso contrário, o valor do bit de paridade é 1.

- O recetor verifica o quadro e conta o número de 1's. Em caso de paridade par, se o número de 1's for par, o quadro é aceite, caso contrário é rejeitado. O mesmo procedimento é efectuado para a paridade ímpar.

2. CHECKSUM:

O checksum é uma técnica de deteção de erros mais robusta que envolve a adição de uma soma calculada dos segmentos de dados aos dados transmitidos. Os dados são divididos em segmentos de tamanho fixo, e os segmentos são adicionados usando a aritmética de complemento de um para gerar uma soma. A soma é então complementada para obter a soma de verificação, que é enviada juntamente com os dados para o recetor. O recetor efectua o mesmo cálculo nos segmentos de dados recebidos e na soma de verificação. Se a soma resultante (incluindo a soma de controlo recebida) for zero, considera-se que os dados não contêm erros. Caso contrário, é detectado um erro. As somas de verificação são normalmente utilizadas em protocolos de rede como o IP (Internet Protocol) e o UDP (User Datagram Protocol).

Os dados são divididos em quadros ou segmentos de tamanho fixo.

• Agora estes segmentos são adicionados utilizando o complemento de 1 para obter a soma. Esta soma é depois complementada para obter a soma de verificação.

- A soma de controlo é enviada ao recetor juntamente com o quadro.
- O recetor adiciona então todos estes segmentos juntamente com a soma de controlo; se o resultado for 0, só o quadro é aceite.

3. VERIFICAÇÃO DE REDUNDÂNCIA CÍCLICA:

O CRC é uma técnica de deteção de erros que utiliza a divisão polinomial para gerar um resto (bits CRC). O remetente trata os dados como um polinómio e divide-os por um divisor predeterminado (também representado como um polinómio). O resto resultante (bits CRC) é anexado aos dados antes da transmissão. O recetor efectua a mesma divisão polinomial nos dados recebidos, utilizando o mesmo divisor. Se o resto for zero após a divisão, presume-se que os dados estão isentos de erros. Se o resto for diferente de zero, é detectado um erro. O CRC é largamente utilizado em vários protocolos de comunicação, como Ethernet e Bluetooth, devido à sua eficácia na deteção de erros, incluindo erros de rajada.

- No Cyclic Redundancy Check (CRC) a divisão binária dos bits de dados que são enviados por um divisor pré-determinado. O polinómio é gerado pelo divisor.
- Em seguida, o remetente calcula a divisão binária do segmento de dados pelo divisor Os bits CRC são incluídos no final do segmento de dados. A unidade de dados é exatamente divisível pelo divisor.
- Após a receção, o recetor divide a unidade de dados recebida pelo divisor. Os dados recebidos estão correctos se não houver resto. Caso contrário, assume-se que os dados estão corrompidos.

CÓDIGOS CORRECTORES DE ERROS (ECC):

Os códigos de correção de erros são amplamente utilizados nos sistemas de computação e nas telecomunicações, sendo utilizados para controlar os erros nos dados devidos ao ruído nos canais de comunicação. A ideia principal do CCE é que o remetente envia dados codificados com o bit de paridade. Com a ajuda do bit de paridade, o recetor pode verificar se a informação recebida está isenta de erros ou não. Além disso, os bits de paridade ajudam a corrigir os bits de erro, caso ocorram. Por outro lado, a deteção de erros apenas detecta onde o erro ocorreu, mas os códigos de correção de erros (ECC) podem detetar e corrigir o erro.

Outra vantagem da utilização do ECC é o facto de não exigir qualquer canal para a retransmissão de dados em caso de erro. O ECC é utilizado quando o canal de retransmissão é dispendioso, impossível e também em comunicações unidireccionais. A retransmissão também provoca atrasos que podem ser evitados com a utilização de códigos de correção de erros. Por exemplo, na órbita de um satélite, o tempo necessário para a retransmissão de dados é de cerca de 5 horas. O ECC é utilizado em dispositivos de armazenamento para recuperar os dados que foram corrompidos, sendo também utilizado em sistemas que têm memória principal como ECC.

FUNCIONAMENTO DO CÓDIGO CORRECTOR DE ERROS:

O código de correção de erros contém normalmente os dados a transmitir juntamente com o bit de redundância. Enquanto o bit de redundância é adicionado através de um algoritmo. A entrada original que foi enviada pelo utilizador pode ou não ser vista na saída do codificador.

Exemplo de código de correção de erros:

O exemplo abaixo é um ECC que pode transmitir cada bit de dados 3 vezes. É conhecido como Código de Repetição (3,1). Devido ao ruído presente no canal, o recetor pode ver 8 versões de saída, como se pode ver na tabela abaixo.

Triplet Recived	Interpreted as:
000	0 (error free)
001	0
010	0
011	0
100	1 (error free)
101	1
110	1
111	1

Table 3.1 ECC example

O ECC corrige os erros

- Até um único bit de tripleto com erro.
- Até dois bits de tripleto com erro.

Tipos de CÓDIGOS DE CORRECÇÃO DE ERROS:

Existem dois tipos de CCE, o código de bloco e o código de convolução. No código de bloco, os bits de redundância são adicionados no final da palavra de código.

No Código de Convolução, os bits de redundância são adicionados continuamente à estrutura da palavra-código. Exemplos de código de bloco incluem o código de Hamming, Golay, BCH e o código Reed Solomon.

CÓDIGO DE MARTELAGEM

O código de Hamming foi inventado por R.W. Hamming. É um código de bloco que pode detetar até dois erros de bit ao mesmo tempo. No código de Hamming, a correção de erros pode ser feita para um único bit. No código Hamming, os bits de informação são codificados com os bits redundantes que são enviados. O recetor efectua então cálculos sobre os bits redundantes para encontrar os erros e o local onde ocorreram.

CÓDIGOS ANTES DO CÓDIGO HAMMING:

Os códigos de deteção de erros que eram utilizados antes do código de Hamming não são eficazes.

Codificação de mensagens por código de Hamming:

A etapa de codificação da mensagem consiste em:

PASSO 1: Neste passo, é calculado o número de bits de redundância.

PASSO 2: Neste passo, é efectuado o posicionamento dos bits de redundância.

PASSO 3: Neste passo, é calculado o valor de cada um dos bits de redundância.

PASSOS DO CÓDIGO HAMMING:

ETAPA 1: CÁLCULO DO NÚMERO DE BITS REDUNDANTES

Se a mensagem contiver um número total de n bits de dados, haverá **k bits de dados** e **(n-k) bits redundantes.**

PASSO 2: COLOCAÇÃO DE BITS REDUNDANTES

Os bits redundantes são colocados em posições de bits de potências de 2(2pow0=0,2pow1=2,2pow2=4,...).

ETAPA 3: CÁLCULO DOS BITS REDUNDANTES

Os bits redundantes não são mais do que bits de paridade. Existem dois tipos de paridade, que são

Paridade par e paridade ímpar.

PARIDADE ÍMPAR: Na paridade ímpar, o número total de 1's é tornado ímpar.

PARIDADE PAR: Na paridade par, o número total de 1's é par.

ALGORITMO DO CÓDIGO DE HAMMING

O Código de Correção de Erros Simples é gerado pelo Algoritmo do Código de Hamming para qualquer número de bits.

Neste algoritmo, os bits de correção de erros são seleccionados de modo a que a operação XOR seja executada nestes bits, de modo a que o xor de todas as posições de bits com 1 seja 0. Se o recetor receber de volta a cadeia com o índice XOR 0, então não existe erro.

ETAPAS DO ALGORITMO DO CÓDIGO DE HAMMING

- Os bits são numerados de 1, 2, 3, 4, 5, 6, 7, etc

- Os bits de paridade são colocados em posições de bits que são potências de 2, como 1, 2, 4, 8, 16,....
- Nas posições dos bits restantes, são colocados os bits de dados.
- Os bits de dados estão incluídos no conjunto de bits de paridade que podem ser determinados pela forma binária da posição dos bits.

☐ As posições dos bits 1 (o próprio bit de paridade), 3, 5, 7, 9, etc. são cobertas pelo bit de paridadel.

☐ As posições dos bits 2 (o próprio bit de paridade), 3, 6, 7, 9, 10, 11, etc. são cobertas pelo bit de paridade 2.

☐ A posição do bit 4 (bit de paridade propriamente dito) 4-7, 12-15, 20-23, etc. é coberta pelo bit de paridade 4.

☐ A posição do bit 8 (o próprio bit de paridade) 4-7, 12-15, 20-23, etc. é coberta pelo bit de paridade 8-15, 24-31, 40-47, etc.

☐ Todos os bits são cobertos por bits de paridade.

☐ A operação BITWISE dos bits de dados e dos bits de paridade é0.

A forma de paridade é inadequada. Matematicamente, a paridade pode parecer mais simples, mas na prática não há qualquer diferença. Isto pode ser visto visualmente como na figura abaixo:

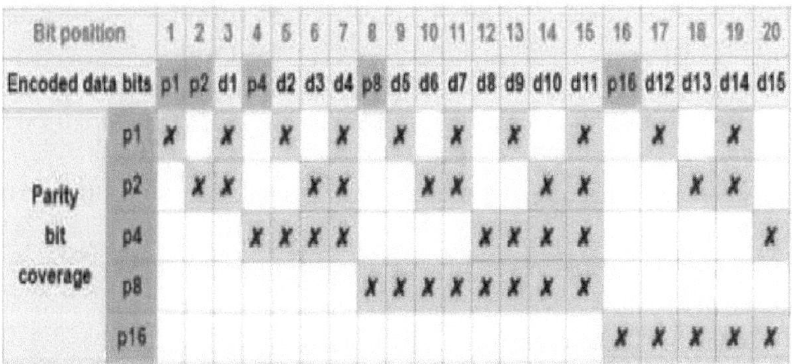

Bit position	1	2	3	4	5	6	7	8	9	10	11	12	13	14	15	16	17	18	19	20
Encoded data bits	p1	p2	d1	p4	d2	d3	d4	p8	d5	d6	d7	d8	d9	d10	d11	p16	d12	d13	d14	d15
Parity bit coverage — p1	X		X		X		X		X		X		X		X		X		X	
Parity bit coverage — p2		X	X			X	X			X	X			X	X			X	X	
Parity bit coverage — p4				X	X	X	X					X	X	X	X					X
Parity bit coverage — p8								X	X	X	X	X	X	X	X					
Parity bit coverage — p16																X	X	X	X	X

Fig 3.8 Exemplo de código de Hamming

CÁLCULO DO CÓDIGO HAMMING:

Os códigos de Hamming são utilizados para detetar erros de um único bit. Se o erro ocorrer, o bit de erro é colocado com o bit oposto. O código de Hamming funciona de forma muito eficiente.

Exemplo 1:

- Consideremos os bits de dados como 10100111 a serem transferidos para o recetor.
- Em seguida, os bits de paridade são calculados e mantidos em posições que são potências de 2, ou seja, (1, 2,

4, 8, 16,..)

- Os bits de dados são colocados nas restantes posições.

ANTES DO CÁLCULO DA PARIDADE

- P1 P2 1 P3 0 1 0 P4 0 1 1 1 é a palavra de dados a ser transferida para o recetor.

CÁLCULO DO BIT DE PARIDADE

- Para P1, pegar em P1 e, a partir daí, saltar 1 bit e pegar 1 bit, assim sucessivamente... **P1 não é mais** do que o xor das posições dos bits 1, 3, 5, 7, 9, 11

P1=x 1ᴫᴫ Oᴫ Oᴫ Oᴫ 1=O

- A partir de P2, pegar em dois bits de cada vez, saltar dois bits e pegar nos dois bits seguintes, logo,...

P2 é o xor de 2, 3, 6, 7, 10, 11 posições de bits

P2 =хл1л1лол1л1=о

- Para P4, pegar em 4 bits de cada vez e depois saltar 4 bits e depois pegar em 4 bits,...

P4 é o xor de 4, 5, 6, 7, 12 posições de bits.

P4=\ᴫ 0 1ᴫᴫ 0ᴫ 1=0

- Para P8, uma vez que só restam 4 bits para P8. **P8** é o xor de posições de 8, 9, 10, 11, 12 bits.

P8=хлол1л1л1=о

Agora os bits de dados juntamente com os bits de paridade são 0 0 1 0 0 1 0 0 0 0 1 1 1

Vamos introduzir erros no código quando ele é recebido como 1 0 1 0 0 1 0 0 0 0 1 0 0 1 1 0

P1'=1 1 0 0ᴫᴫᴫᴫ 1=1 0, em que P1=0 . Portanto, P1' é um erro. P2'=0 1 1 0ᴫᴫᴫᴫ 1=0 1, em que

P2=0. Portanto, P2' não contém erros. P4'=1лололол^1=о, em que P4=0. Logo, P4' não contém erros.

P8'=0ᴫ 0л1л1A$_0$ =1, em que P8=0.Assim, P8' é o erro.

Do exemplo acima, é claramente evidente que os bits P1, P8 são introduzidos com erros devido a muitas razões como ruído no canal, falha de hardware, etc. Finalmente, como sabemos onde ocorreu o erro, podemos corrigi-lo simplesmente colocando o valor oposto ao valor do erro.

Exemplo-2:

- Consideremos os bits de dados como 10110011 a serem transferidos para o recetor.

- Em seguida, os bits de paridade são calculados e mantidos em posições que são potências de 2, ou seja, (1, 2, 4, 8, 16,...)

* Os bits de dados são colocados nas restantes posições.

ANTES DO CÁLCULO DA PARIDADE

* P1 P2 1 P3 0 1 1 P4 0 0 1 1 é a palavra de dados a ser transferida para o recetor.

CÁLCULO DO BIT DE PARIDADE

* Para P1, tomar P1 e, a partir daí, saltar 1 bit e tomar 1 bit, assim sucessivamente... **P1 não é mais** do que o xor das posições dos bits 1,3,5,7,9,11

P1=1 0 1꙰꙰꙰ **01=1**

* A partir de P2, pegar em dois bits de cada vez, saltar dois bits e pegar nos dois bits seguintes, logo,...

P2 é o xor de 2, 3, 6, 7, 10, 11 posições de bits

P2 =1л1л1л0л1=0

* Para P4, pegar em 4 bits de cada vez e depois saltar 4 bits e depois pegar em 4 bits,...

P4 é o xor de 4, 5, 6, 7, 12 posições de bits.

P4=0Л1Л1Л1=1

* Para, P8 uma vez que só restam 4 bits para p8. **P8** é o xor de posições de 8,9,10,11, 12 bits.

P8=Олол1л1=o

Agora, os bits de dados juntamente com os bits de paridade são 1 0 1 1 0 1 0 1 1 0 0 0 1 1

Vamos introduzir erros no código quando ele é recebido como 0 0 1 1 0 1 1 1 0 0 0 0 1 1

P1'=0 1 0 1꙰꙰꙰꙰ 1=0 0, em que P1=1. Portanto, P1' é um erro.

P2'=0 1 1 1 0꙰꙰꙰꙰ 1=0 0, em que P2=0, pelo que P2' não contém erros.

P4'=1^m=o, em que

P4=0. Portanto, P4' não tem erros.

P8'=Ололол1л1=o, em que p8=o. Assim, p_8 ' não contém erros.

Do exemplo acima, é claramente evidente que o bit P1 é introduzido com erros devido a muitas razões, como ruído no canal, falha de hardware, etc

Exemplo 3:

* Consideremos os bits de dados como 1 1 0 1 0 1 0 1 0 1 a serem transferidos para o recetor.

* Em seguida, os bits de paridade são calculados e mantidos em posições que são potências de 2, ou seja, (1, 2, 4, 8, 16,...)

* Os bits de dados são colocados nas restantes posições.

ANTES DO CÁLCULO DA PARIDADE

* P1 P2 1 P4 1 0 1 P8 0 1 0 1 é a palavra de dados a ser transferida para o recetor.

CÁLCULO DO BIT DE PARIDADE

- Para P1, pegar em P1 e, a partir daí, saltar 1 bit e pegar 1 bit, assim sucessivamente... **P1 não é mais** do que o xor das posições dos bits 1,3,5,7,9,11

P1=1 1 1_ллла_ 00=1

- A partir de P2, pegar em dois bits de cada vez, saltar dois bits e pegar nos dois bits seguintes, logo,...

P2 é o xor de 2, 3, 6, 7, 10, 11 posições de bits

P2 =1л1л0л1л1л0=1

- Para P4, pegar em 4 bits de cada vez e depois saltar 4 bits e depois pegar em 4 bits,...

P4 é o xor de 4, 5, 6, 7, 12 posições de bits.

P4=1 0 1 1=1_ллл_

- Para P8, uma vez que só restam 4 bits para P8. **P8** é o xor de posições de 8, 9, 10, 11, 12 bits.

P8=Oл1лол1=o

Agora os bits de dados juntamente com os bits de paridade são 1 1 1 1 1 1 0 1 0 0 1 0 1 0 1

Não introduzamos erros no código quando este é recebido 1 1 1 1 1 1 0 1 0 0 0 1 0 1 0 1

P1'=1 1 1 1_ллллл_ 0=1 0, em que P1=1. Assim, P1' não contém erros. P2'=1 1 1 1_ллллл_ 1=1 1, em que

P2=0, pelo que P2' não contém erros. P4'=1л0л1л1=1, em que P4=0, pelo que P4' não contém erros.

P8'=Oлолол1л1=o, em que P8=0, pelo que P8' não contém erros.

Do exemplo acima, é claramente evidente que todos os bits estão livres de erros.

Exemplo-4:

- Consideremos os bits de dados como 1 1 1 1 1 1 1 1 1 a serem transferidos para o recetor.
- Em seguida, os bits de paridade são calculados e mantidos em posições que são potências de 2, ou seja, (1, 2, 4, 8, 16,...)
- Os bits de dados são colocados nas restantes posições.

ANTES DO CÁLCULO DA PARIDADE

- P1 P2 1 P4 1 1 1 P8 1 1 1 1 é a palavra de dados a ser transferida para o recetor.

CÁLCULO DO BIT DE PARIDADE

- Para P1, pegar em P1 e a partir daí saltar 1 bit e pegar em 1 bit, assim sucessivamente... **P1 não é mais** do que o xor das posições dos bits 1, 3, 5, 7, 9, 11

P1=1Л1Л_1_ Л_1_ Л =1_1_

- A partir de P2, pegar em dois bits de cada vez, saltar dois bits e pegar nos dois bits seguintes, logo,...

P2 é o xor de 2, 3, 6, 7, 10, 11 posições de bits

P2 =1Л1Л1Л1Л1=1

- Para P4, pegar em 4 bits de cada vez e depois saltar 4 bits e depois pegar em 4 bits,...

P4 é o xor de 4, 5, 6, 7, 12 posições de bits.

P4=Г1л1л1=o

- Para, P8 uma vez que só restam 4 bits para p8. **P8** é o xor de posições de 8,9,10,11,12 bits.

P8=Г1л1л1=o

Agora, os bits de dados juntamente com os bits de paridade são 1 1 1 0 1 1 1 1 0 1 1 0 1 0 1

Não introduzamos erros no código quando este é recebido 0 1 1 0 1 1 1 1 0 1 1 0 1 1 0 1 0 1

P1'=0 1 1 1 1ᴧᴧᴧᴧ 0=0 1, em que P1=1. Portanto, P1' é um erro . P2'=1 1 1 1ᴧᴧᴧᴧ 1=1 1, em que

P2=0, pelo que P2' não contém erros. P4'=1л0л1л1=1, em que P4=0, pelo que P4' não contém erros.

P8'=Ололол1л1=o, em que P8=0, pelo que P8' não contém erros.

Do exemplo acima, é claramente evidente que P1 é introduzido com erro.

Exemplo-5:

- Consideremos que os bits de dados são 0 0 0 0 0 0 0 0 0 0 a transferir para o recetor.

- Em seguida, os bits de paridade são calculados e mantidos em posições que são potências de 2, ou seja, (1, 2, 4, 8, 16,...)

- Os bits de dados são colocados nas restantes posições.

ANTES DO CÁLCULO DA PARIDADE

- P1 P2 0 P4 0 0 0 P8 0 0 0 0 é a palavra de dados a ser transferida para o recetor.

CÁLCULO DO BIT DE PARIDADE

- Para P1, pegar em P1 e, a partir daí, saltar 1 bit e pegar 1 bit, assim sucessivamente... **P1 não é mais** do que o xor das posições dos bits 1,3,5,7,9,11

P1=0 0 0 0 0=0ᴧᴧᴧᴧ

- A partir de P2, pegar em dois bits de cada vez, saltar dois bits e pegar nos dois bits seguintes, logo,...

P2 é o xor de 2, 3, 6, 7, 10, 11 posições de bits

P2 =0 0 0ᴧᴧᴧᴧ 00=0

- Para P4, pegar em 4 bits de cada vez e depois saltar 4 bits e depois pegar em

4 bits,...

P4 é o xor de 4, 5, 6, 7, 12 posições de bits.

P4=0 0 0ллллл 00=0

- Para P8, uma vez que só restam 4 bits para P8. **P8** é o xor de posições de 8, 9, 10, 11, 12 bits.

P8=Ололололо==о

Agora os bits de dados juntamente com os bits de paridade são 0 0 0 0 0 0 0 0 0 0 0 0 0 0 0

Não introduzamos erros no código quando este é recebido 1 0 0 0 0 0 0 0 0 0 0 0 0 0 0 0 0

P1'=1 0 0 0ллллл 0=1 0, em que P1=0, pelo que P1' tem erro. P2'=0 0 0ллллл 0=0, em que 0P2=0, pelo que P2' não contém erros. P4'=Ололололо=о, em que P4=0, pelo que P4' não contém erros. P8'=Олололо=о, em que P8=0, pelo que P8' está isento de erros.

Do exemplo acima, é claramente evidente que todos os bits estão isentos de erros, exceto P1.

Exemplo 6:

- Consideremos os bits de dados como 0 0 0 0 0 0 0 0 0 1 a serem transferidos para o recetor.
- Em seguida, os bits de paridade são calculados e mantidos em posições que são potências de 2, ou seja, (1, 2, 4, 8, 16,...)
- Os bits de dados são colocados nas restantes posições.

ANTES DO CÁLCULO DA PARIDADE

- P1 P2 0 P4 0 0 0 0 P8 0 0 0 1 é a palavra de dados a ser transferida para o recetor.

CÁLCULO DO BIT DE PARIDADE

- Para P1, pegar em P1 e, a partir daí, saltar 1 bit e pegar 1 bit, assim sucessivamente... **P1 não é mais** do que o xor das posições dos bits 1, 3, 5, 7, 9, 11

P1=олололол1=1

- A partir de P2, pegar em dois bits de cada vez, saltar dois bits e pegar nos dois bits seguintes, logo,...

P2 é o xor de 2, 3, 6, 7, 10, 11 posições de bits

P2 =0 0 0ллллл 00=0

- Para P4, pegar em 4 bits de cada vez e depois saltar 4 bits e depois pegar em 4 bits,...

P4 é o xor de 4, 5, 6, 7, 12 posições de bits.

P4=0 0 0ллллл 01=1

- Para P8, uma vez que só restam 4 bits para p8. **P8** é o xor de posições de 8,

9, 10, 11, 12 bits.

P8=Олололол1=1

Agora, os bits de dados juntamente com os bits de paridade são 0 0 0 0 0 0 0 0 0 0 0 0 0 1

Não introduzamos erros no código quando este é recebido 1 0 0 0 0 0 0 0 0 0 0 0 0 0 1

P1'=1 0 0 0ᴧᴧᴧᴧ 1=0 0, em que P1=1. Portanto, P1' é um erro. P2'=0 0 0ᴧᴧᴧ 0=0, em que 0P2=0, pelo que P2' não contém erros. P4'=0 0 0ᴧᴧᴧ 0л1=1, em que P4=0. Logo, P4' não contém erros. P8'=Олололо=o, em que P8=0, pelo que P8' está isento de erros.

Do exemplo acima, é claramente evidente que todos os bits estão isentos de erros, exceto P1.

CÓDIGO REED SOLOMON

- Foi inventado por S. Reed e Gustavo Solomon em 1960. No código Reed Solomon, os bits redundantes são adicionados ao bloco de dados e são transmitidos através de um canal com ruído.

O recetor descodifica então o erro em função das características do código.

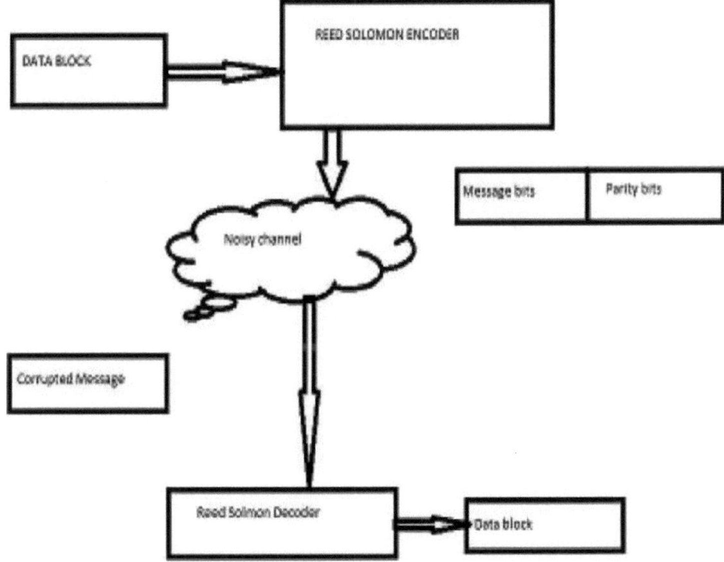

Fig 3.9 Diagrama de blocos do código Reed Solomon

O código Reed Solomon é utilizado em

- Dispositivos de armazenamento como CD'S, DVD'S
- Códigos QR
- Em Comunicações por satélite

- Sistema de armazenamento RAID 6
- Modems de alta velocidade
- Em tecnologias de transmissão como DSL, WIMAX.

FORMATO DO CÓDIGO SOLOMON:

Mensagem de κ bits	Paridade de **2t** bits

Código de Golay binário alargado

- É uma palavra de 24 bits em que são codificados 12 bits.
- Pode detetar 7 bits de erro e corrigir 3 bits de erro.

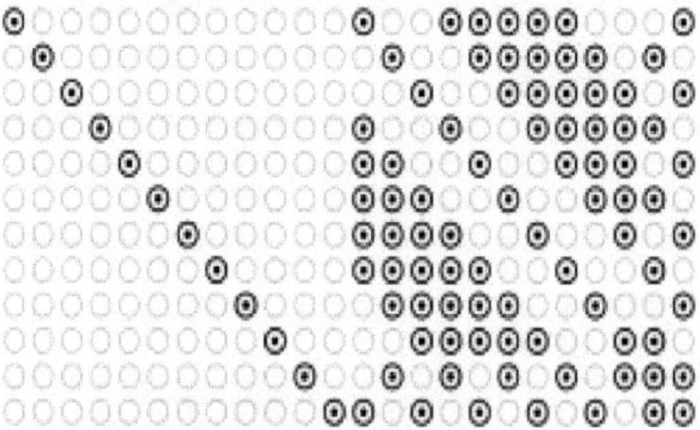

Fig 3.11 Código de Golay binário alargado

Código de Golay binário perfeito

- No código Golay, a mensagem de entrada será de 11 bits.
- A estes 11 bits são adicionados 13 bits, o que perfaz um total de 23 bits que são enviados para o recetor.
- Este processo de codificação dá uma distância de Hamming de sete.
- Assim, é possível corrigir um total de 3 erros.

Para o código Golay, é utilizada a sub-matriz abaixo,

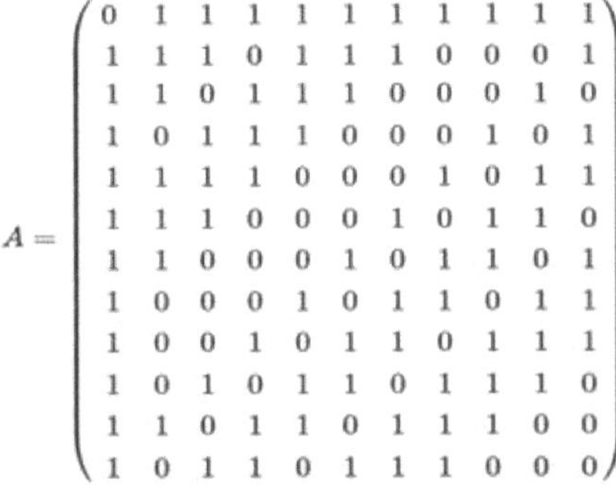

$$A = \begin{pmatrix} 0 & 1 & 1 & 1 & 1 & 1 & 1 & 1 & 1 & 1 & 1 \\ 1 & 1 & 1 & 0 & 1 & 1 & 1 & 0 & 0 & 0 & 1 \\ 1 & 1 & 0 & 1 & 1 & 1 & 0 & 0 & 0 & 1 & 0 \\ 1 & 0 & 1 & 1 & 1 & 0 & 0 & 0 & 1 & 0 & 1 \\ 1 & 1 & 1 & 1 & 0 & 0 & 0 & 1 & 0 & 1 & 1 \\ 1 & 1 & 1 & 0 & 0 & 0 & 1 & 0 & 1 & 1 & 0 \\ 1 & 1 & 0 & 0 & 0 & 1 & 0 & 1 & 1 & 0 & 1 \\ 1 & 0 & 0 & 0 & 1 & 0 & 1 & 1 & 0 & 1 & 1 \\ 1 & 0 & 0 & 1 & 0 & 1 & 1 & 0 & 1 & 1 & 1 \\ 1 & 0 & 1 & 0 & 1 & 1 & 0 & 1 & 1 & 1 & 0 \\ 1 & 1 & 0 & 1 & 1 & 0 & 1 & 1 & 1 & 0 & 0 \\ 1 & 0 & 1 & 1 & 0 & 1 & 1 & 1 & 0 & 0 & 0 \end{pmatrix}$$

Fig 3.12 Submatriz do código de Golay

APLICAÇÕES DO CÓDIGO GOLAY

• O código Golay é amplamente utilizado nas comunicações por rádio.

• É utilizado na NASA SPACEMISSIONS.

CÓDIGOS BCH

• É uma das mais poderosas técnicas de correção de erros.

• Os códigos BCH são uma realização dos códigos de Hamming para a deteção de erros múltiplos.

• Se os códigos BCH forem concebidos de forma a poderem corrigir erros de bits múltiplos.

• Com a descodificação síndrome, os códigos BCH podem ser descodificados na extremidade do recetor.

• A conceção do descodificador é simplificada porque o BCH CODES utiliza hardware eletrónico de baixo consumo.

• Os códigos BCH são amplamente utilizados em unidades de disco, leitores de DVD e também em comunicações por satélite.

ENCODENAÇÃO

• Uma palavra de código BCH é um polinómio que é uma variante (múltiplo) do polinómio originador.

• O processo de codificação BCH consiste em encontrar um polinómio que seja fator do polinómio originador (gerador).

• O significado dos coeficientes do polinómio não é muito considerado nos códigos BCH.

• O principal objetivo do recetor é obter o mínimo da distância de hamming.

• A implementação do Código Sistemático dos Códigos BCH depende do projetista.

A mensagem é incorporada num polinómio codificado.

DECORAÇÃO

As etapas do processo de descodificação:

- O cálculo de *sj* é efectuado para o vetor recebido.
- Os erros t, o polinómio localizador de erros *Л(x)* são determinados por *sj*.
- O cálculo do polinómio de localização do erro é efectuado para determinar o polinómio de erro *Xi*
- Os valores de erro *Yi* são calculados na localização do erro.
- Os erros são finalmente corrigidos.

Se houver demasiados erros na palavra de código enviada, os erros não podem ser corrigidos. Se o valor correto de t não for encontrado, a correção falhará. Se existirem mais erros do que a capacidade do código, o descodificador enviará uma mensagem a indicar que o código recebido não é válido e enviará o código válido.

MÉTODOS DE COMPARAÇÃO DE DADOS

> ### MÉTODO DE DESCODIFICAÇÃO E COMPARAÇÃO E COMPARAÇÃO DIRECTA
MÉTODO
> ### ARQUITECTURA DE COMPARAÇÃO DE DADOS BASEADA NA SATURAÇÃO
ADERENTE
> ### CONCEPÇÃO DO PERCURSO DE DADOS PARA CÓDIGOS SISTEMÁTICOS E HAMMING
ARQUITECTURA DE CÁLCULO DA DISTÂNCIA
MÉTODO DE DESCODIFICAÇÃO E COMPARAÇÃO:

No método de descodificação e comparação, os dados de k bits obtidos são descodificados para dados de n bits e comparados com os dados de n bits de entrada. O resultado é uma correspondência ou uma incompatibilidade. Como os dados obtidos têm de passar por um descodificador complexo, isso afecta a velocidade deste método.

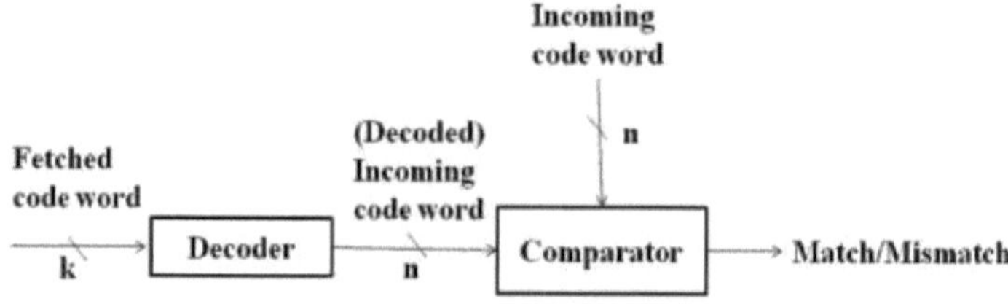

Fig 3.13 Método de descodificação e comparação

MÉTODO DE COMPARAÇÃO DIRECTA:

O método de comparação direta é uma solução promissora para a correspondência de dados. Neste método, os dados são primeiro codificados e depois comparados com os dados obtidos para determinar se correspondem ou não. No método de comparação direta, os dados de entrada de k bits são codificados em dados de n bits. Agora, a distância de Hamming é calculada para os dados de entrada de n bits e para os dados obtidos de n bits e, por fim, o resultado será a correspondência, a incompatibilidade ou a falha. No método de comparação direta, o descodificador complexo é eliminado. O método de comparação direta também requer um circuito adicional, o Saturate Based Adder, para calcular a distância de Hamming. Este somador baseado em saturação

A arquitetura elimina a dificuldade e a latência.

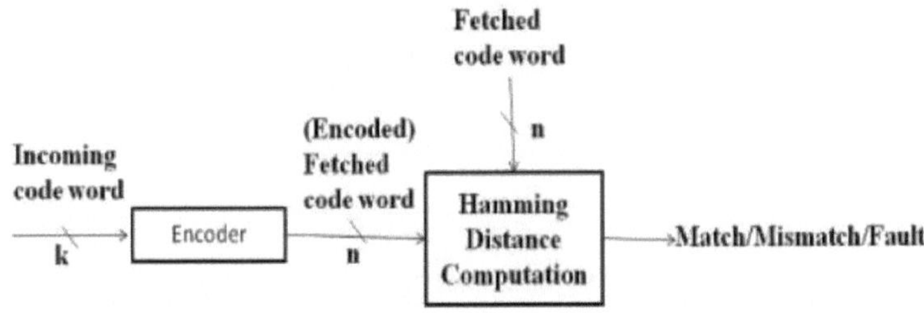

Fig 3.14 Método de comparação direta

ARQUITECTURA BASEADA EM SATURAÇÃO:

A descodificação e comparação é uma técnica complexa devido ao descodificador e é também uma técnica prolongada. Mas no método de comparação direta, o descodificador não é utilizado, pelo que a complexidade é eliminada. Neste método, para calcular a distância de Hamming, é utilizado o somador de saturação, que indica a posição do erro ocorrido. Na arquitetura baseada no saturador, os vectores X e Y passam por XOR's, de modo que, se houver alguma diferença, esta é gerada como vetor e passa por meios somadores. O meio somador conta o número de 1's no vetor de dissemelhança. O registo de 1's é passado novamente para o bloco do somador de saturação e, por fim, o resultado é dado como correspondência/desigualdade/falha. É introduzido um circuito adicional, o Saturate Adder, que é mais complexo do que o bloco Adder. A dificuldade aumenta. O Saturate Adder é substituído por uma arquitetura de acumulador de peso Butterfly que calcula a distância hamming com menor complexidade e latência.

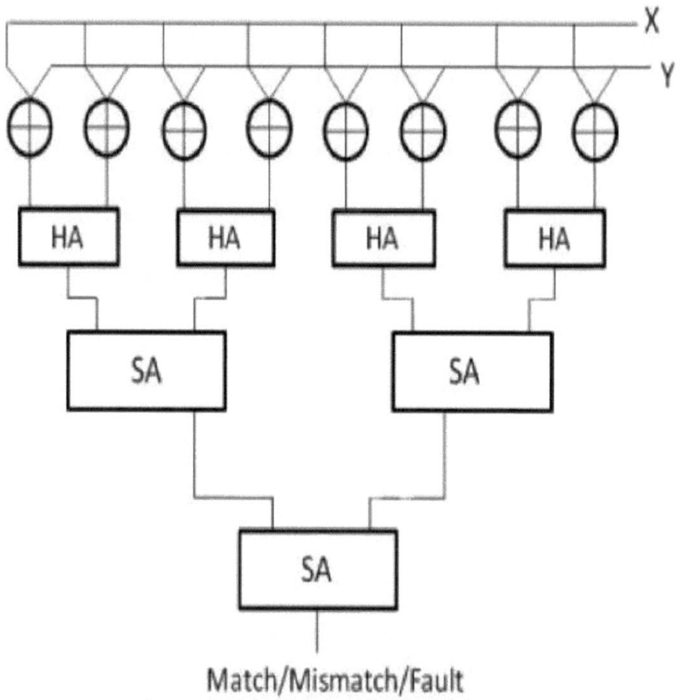

Fig 3.15 Somador baseado em saturação

CONCEPÇÃO DO PERCURSO DE DADOS PARA CÓDIGOS SISTEMÁTICOS E ARQUITECTURA DE CÁLCULO DA DISTÂNCIA DE HAMMING

Foi introduzida uma nova arquitetura para calcular a distância de Hamming e para comparar dados com menos dificuldade e latência, utilizando códigos sistemáticos. Nesta arquitetura, a comparação de dados e a codificação de dados que cria bits de paridade são feitas em paralelo. Na arquitetura que se segue, o percurso dos dados é constituído por vários meios somadores e é conhecido por Butterfly Weight Accumulator (acumulador de peso borboleta). De facto, o número de 1's na entrada é contado por meios somadores. Estes meios somadores estão ligados em forma de borboleta para recolher os bits da soma da fase anterior. Cada meio somador está associado a um peso. Se o bit de transporte for conhecido, então o número de 1's entre as entradas A, B, C, D é 2. E na fase posterior o número de 1's entre as entradas d pode ser calculado como

$$d = 8I + 4(J + K + M) + 2 (L + N + O) + P$$

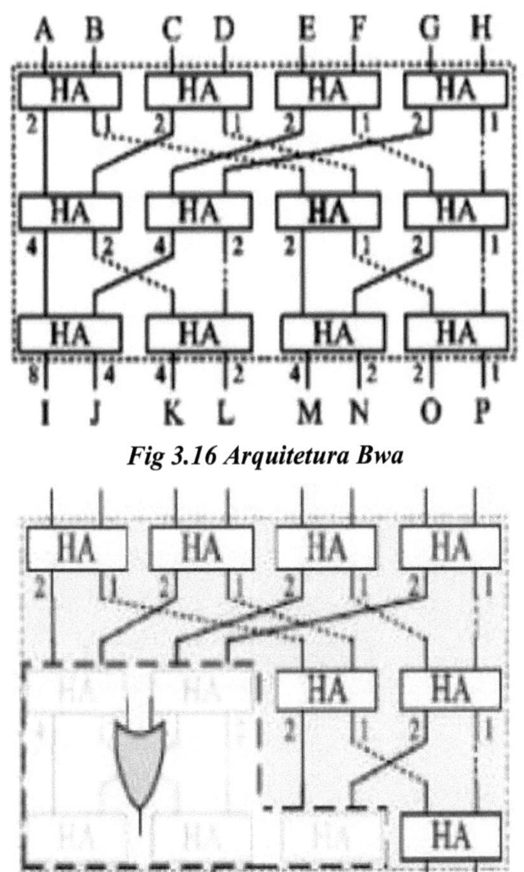

Fig 3.16 Arquitetura Bwa

Fig 3.17 Arquitetura Bwa actualizada com uma porta or

PORTA XOR MODIFICADA:

O BWA proposto é desenvolvido com uma porta XOR modificada. Esta porta XOR modificada tem menos 1 porta do que a porta XOR convencional que usa portas AND e NOT.

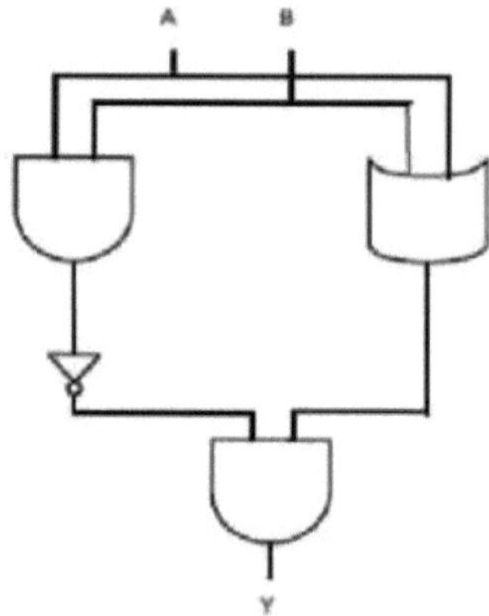

Fig 3.17 Porta XOR modificada

MEIO SOMADOR MODIFICADO:

O meio somador modificado tem menos 2 portas do que o meio somador convencional.

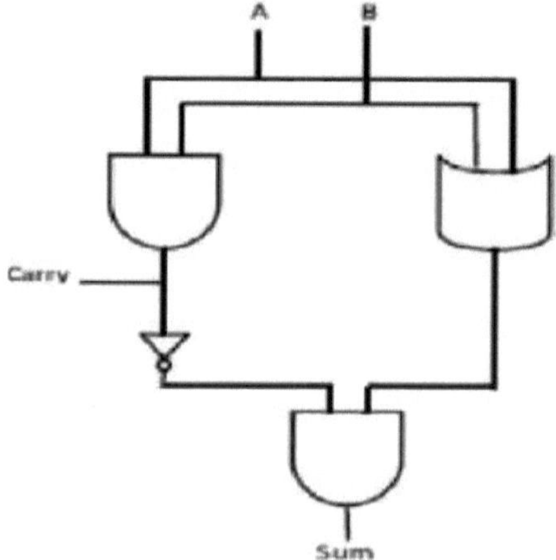

Fig 3.18 Meio somador modificado

DESVANTAGENS DO MÉTODO ACTUAL

- Apenas a correspondência/incompatibilidade de dados é previsível.
- A posição do erro é difícil de identificar.
- O atraso é elevado.
- A codificação dos dados e a verificação da paridade são efectuadas separadamente.

CAPÍTULO 4

SISTEMA PROPOSTO

MÉTODO DE COMPARAÇÃO DIRECTA

Este método é uma solução prometedora para o problema da comparação de dados. No método de comparação direta, o código de entrada é codificado e o código recuperado é também codificado. Ambos são comparados e a distância de Hamming é calculada para verificar se os dados coincidem ou não. Acumulador de peso Butterfly renovado em que a porta HNG é utilizada para modificar o bloco de somadores que calcula a distância hamming.

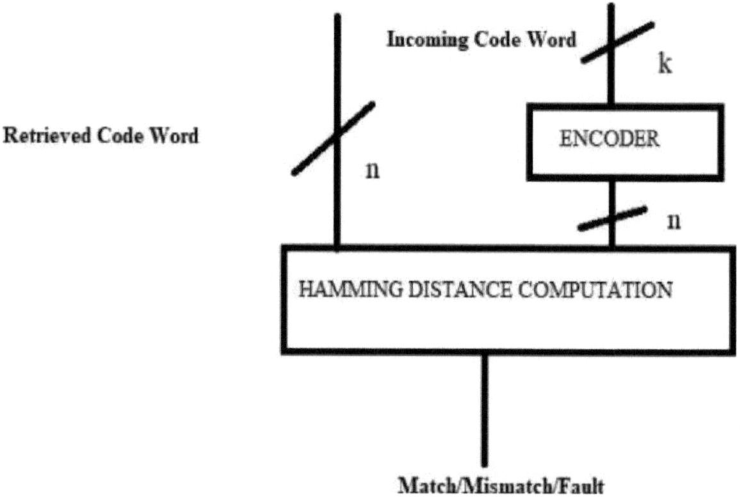

Fig 4.1 Método de comparação direta

CONCEPÇÃO DO PERCURSO DE DADOS PROPOSTO

Nesta secção, é apresentada uma nova arquitetura. Esta utiliza códigos sistemáticos para reduzir a latência e a complexidade. Em primeiro lugar, o código de entrada e o código obtido são enviados para os bancos XOR para obter a diferença entre os bits. O vetor de diferença de bits é então passado através de somadores que fazem parte do acumulador de peso Butterfly. Este BWA calcula a distância de Hamming. O principal objetivo do BWA é contar o número de 1's entre os bits de entrada. Por fim, é tomada uma decisão sobre a correspondência/desigualdade/falha.

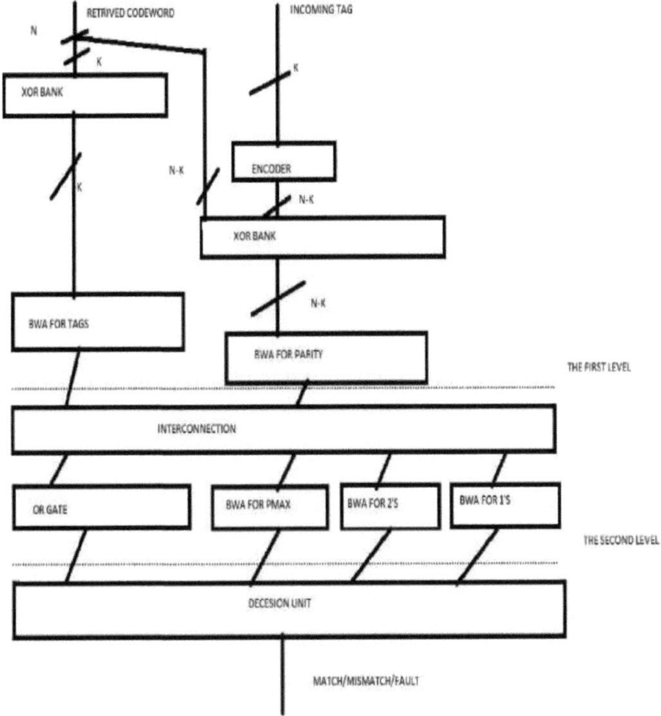

Fig 4.2 Conceção do percurso de dados

Como o número de portas é reduzido, a área também é reduzida para esta arquitetura. Há muitos blocos de meio somador nesta arquitetura, pelo que a área diminui em comparação com a arquitetura existente.

BLOCO DE ADIÇÃO MODIFICADO:

No meu projeto, o bloco de somadores é concebido com uma porta lógica reversível chamada HNG. O HNG actua como um somador completo.

PORTÃO REVERSÍVEL HAGHPARAST E NAVI

Tem 4 entradas e 4 saídas. A porta HN actua como um somador completo. O diagrama de blocos da porta HN pode ser visto a seguir.

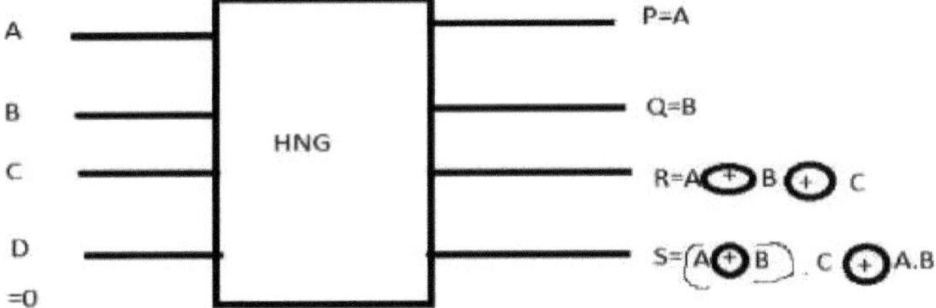

Fig 4.3 Porta HN

Tabela de verdade da porta HN:

A	B	C	D	P	Q	R	S
0	0	0	0	0	0	0	0
0	0	1	0	0	0	1	0
0	1	0	0	0	1	1	0
0	1	1	0	0	1	0	1
1	0	0	0	1	0	1	0
1	0	1	0	1	0	0	1
1	1	0	0	1	1	0	1
1	1	1	0	1	1	1	1

Tabela 4.1 Tabela verdade da porta HN

CÓDIGOS SISTEMÁTICOS CÓDIGOS FUNCIONAIS:

Anteriormente, o método Descodificar e Comparar era utilizado para a comparação de dados. Mas é um processo muito longo para obter dados, descodificar e depois comparar os dados. O descodificador é complexo nesta arquitetura. Por isso, hoje em dia, são utilizados códigos de correção de erros para codificar os dados de entrada, nos quais os bits de dados são separados por bits de paridade.

Consideremos a entrada de dados de n bits que são codificados em k bits de dados e (n-k) bits de paridade. Os n bits são comparados em paralelo com a geração dos n-k bits de paridade.

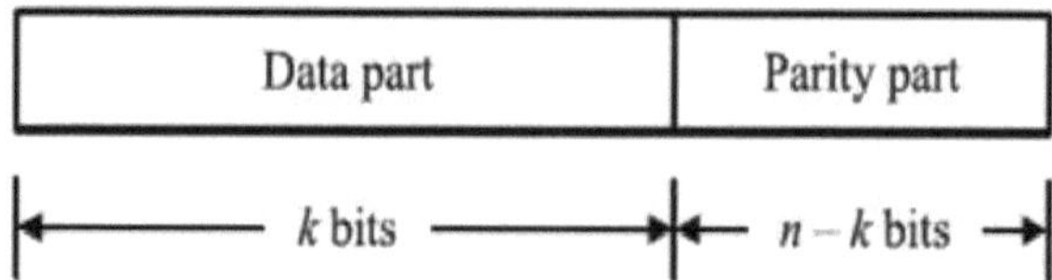

Fig 4.4 Formato dos códigos de correção de erros

ACUMULADOR DE PESO DE BORBOLETA PARA A DISTÂNCIA DE HAMMING

PREVISÃO:

O código de entrada é codificado utilizando ECC e, em seguida, o código de entrada codificado e o código obtido passam pelo banco XOR para gerar o vetor de dissemelhança. Em seguida, este vetor é passado pelo BWAR para calcular o número de 1's entre os bits de dados e os bits de paridade separadamente. O acumulador de peso borboleta calcula a distância de hamming em que os blocos de somadores estão ligados em forma de borboleta e recolhe as entradas da fase anterior. Cada fase do somador está associada a um peso. Por fim, a unidade de decisão decide se os dados coincidem, não coincidem ou se estão errados de acordo com a saída do BWAR.

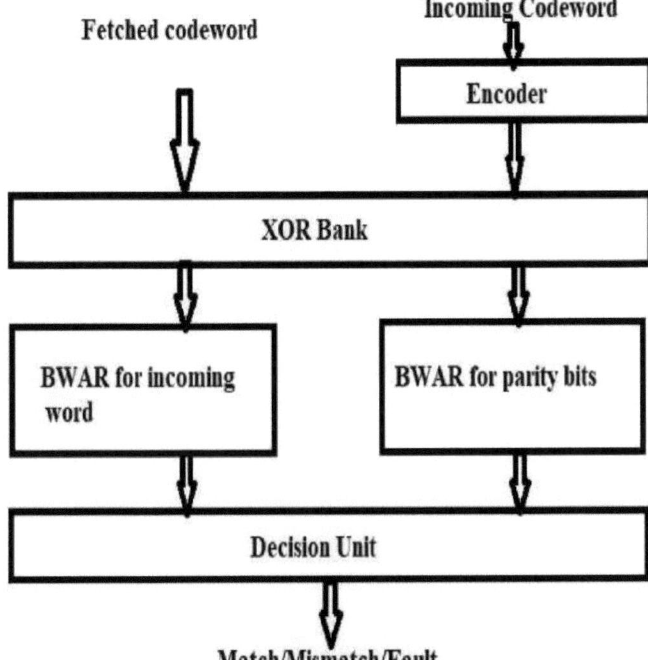

Fig 4.5 Diagrama de blocos do acumulador de peso em forma de borboleta

VANTAGENS DO SISTEMA PROPOSTO:
- É identificada uma posição de erro específica.
- O atraso é menor.
- Concebido com menos complexidade e latência.

RESULTADOS

VISTA ESQUEMÁTICA RTL DA BWAR MODIFICADA

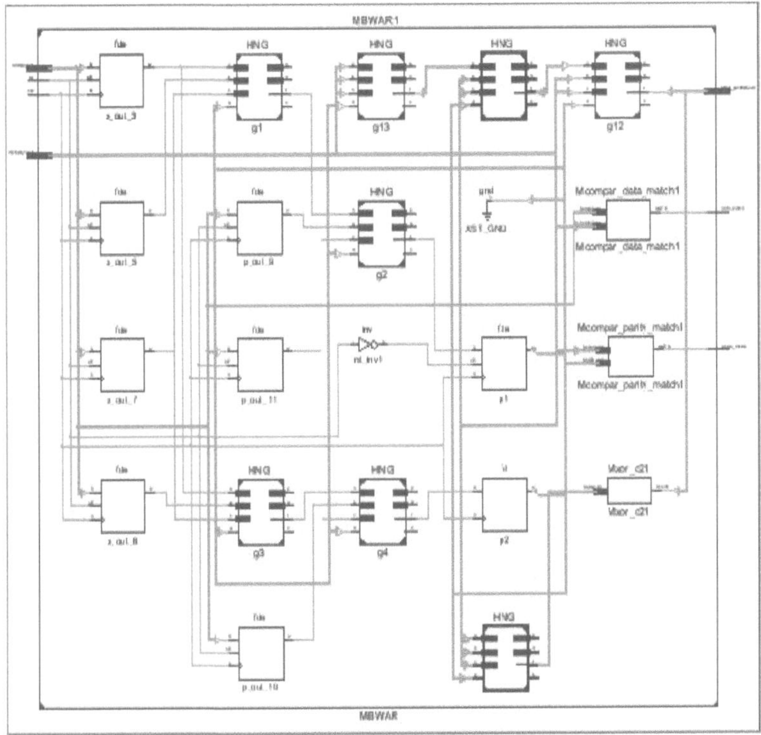

Fig 5.1 Esquema Rtl da Bwar modificada

VISTA ESQUEMÁTICA TECNOLÓGICA DO MODIFIEDBWAR:

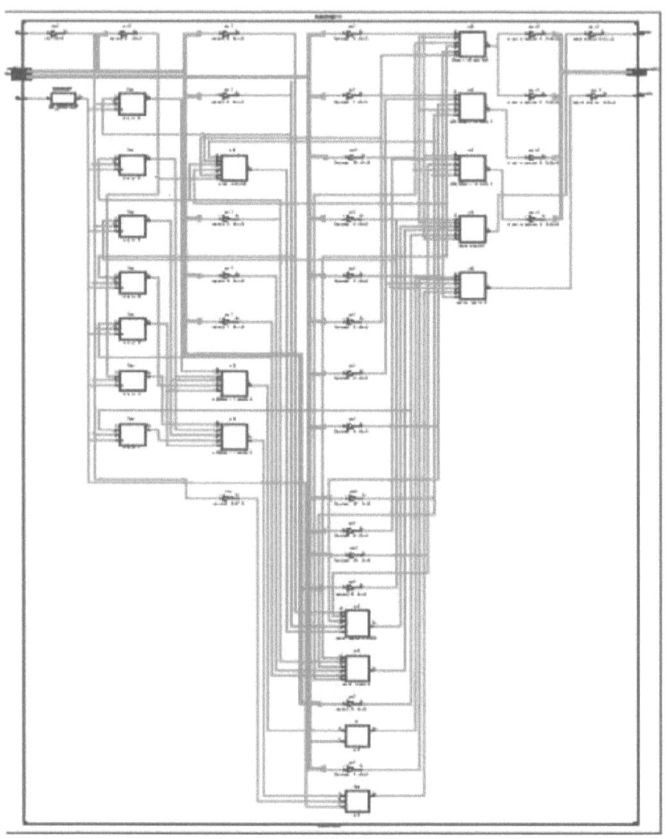

ig 5.2 Esquema tecnológico da Bwar modificada

SAÍDA DO ACUMULADOR DE PESO EM FORMA DE BORBOLETA:

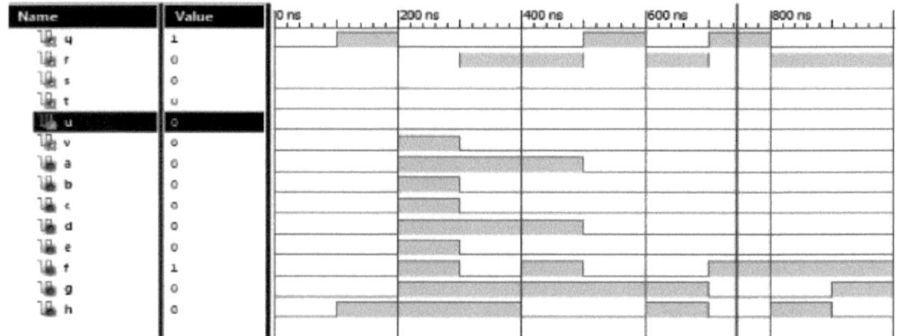

Fig 5.3 Saída do acumulador de peso em borboleta

Explicação: Quando as entradas são dadas a= 0 b= 0 c= 0 d= 0 e e=0 f=1 g=0 h=0, então a saída é q= 1, r=0,s=0,t=0,u=0,v=0 o que significa incompatibilidade de dados.

SAÍDA DO ACUMULADOR DE PESO EM FORMA DE BORBOLETA UTILIZANDO O PERESGATE:

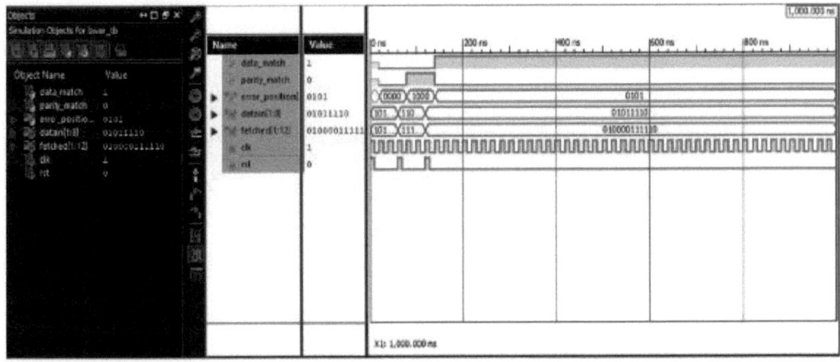

Fig 5.4 Saída do acumulador de peso borboleta usando PeresGate

Explicação: Quando os dados entram=8'b01011110, são obtidos=12'b010000111110, então os dados correspondem=1, a paridade corresponde=0, a posição de erro=0101 e o bit de erro é databit5.

SAÍDA DA PORTA HN:

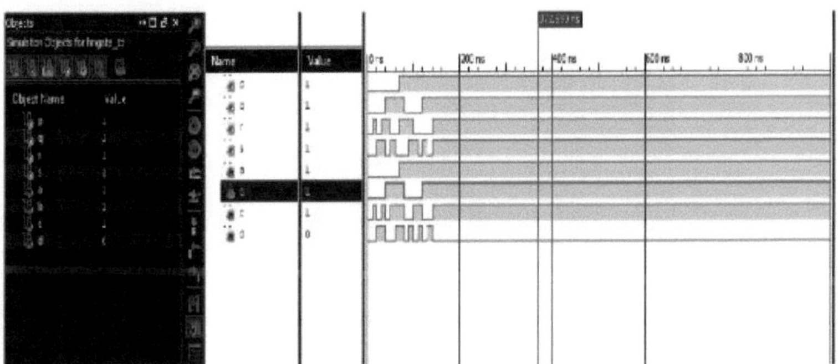

Fig 5.5 Saída da porta HN

Explicação: Quando a=1, b=1,c=1,d=0 então a saída p=1,q=1,r=1,s=1.A porta HN actua como um somador completo.

SAÍDA do BWAR modificado implementado com a porta HN:

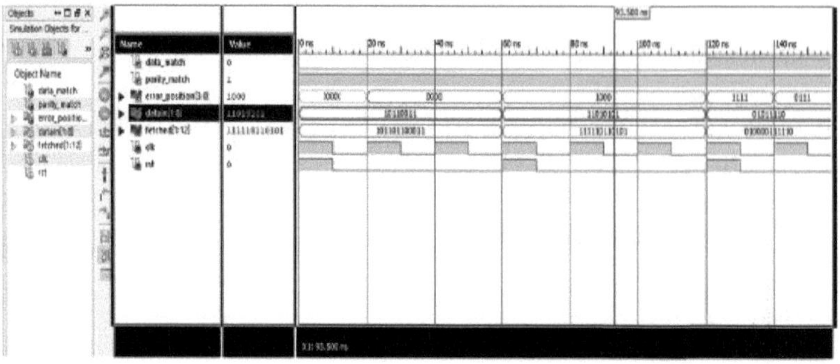

Fig 5.6 SAÍDA do BWAR modificado implementado com porta HN

Explicação: Quando os dados são in=11010101, obtidos =111110110101, então data_ match=0, parity_match=1 error_position=1000, existe aqui um erro de bit de paridade que é o 8º bit

CAPÍTULO 6

SAÍDAS FPGA

SAÍDAS DO ACUMULADOR DE PESO BUTTERFLY:

Fig 6.1 Saída do acumulador de peso de borboleta

Explicação: Quando a=0, b=0,c=0,d=1,e=0,f=0,g=1,h=1 então
q=1,r=1,s=0,t=0,u=0,v=0 então os dados são incompatíveis.

Fig 6.2 Saída do acumulador de peso de borboleta

Explicação: Quando a=0, b=0,c=0,d=0,e=1,f=0,g=0,h=0 então
q=1,r=0,s=0,t=0,u=0,v=0 então os dados são incompatíveis.

Fig 6.3 Saída da porta HN

Explicação: Quando a=1, b=0,c=1,d=0 então p=1,q=0,sum=0,cout=1

Fig 6.2 Saída da porta HN

Explicação: Quando a=1,b=1,c=1,d=0 então p=1,q=1,sum=1,cout=1.

RESULTADOS DO ACUMULADOR DE PESO DE BORBOLETA UTILIZANDO HN GATE:

Fig 6.3 Saída do acumulador de peso borboleta modificado

Explicação:

Quando os dados entram=1100, são obtidos= 0111100, então data_ match=0, parity_match=0 ,error_position=000.

Fig 6.4 Saída do acumulador de peso borboleta

Explicação:

Quando os dados são introduzidos=1100, obtidos=0111101, então data_match=1, parity_match=0, error_position=111.

Estado do projeto bwar			
Ficheiro de projeto;	VTVL29.xise	**Erros do analisador:**	Sem erros
Nome do módulo:	MBWAR	**Estado de execução:**	Sintetizado
Dispositivo de destino:	xc6slx9-3tqg 144	*** Erros:**	Sem erros
Versão do produto:	ISE 14.7	**- Avisos:**	79 Avisos f37ne'...'
Objetivo de conceção:	Equilibrado	**- Resultados do encaminhamento:**	
Estratégia de conceção:	Xilinx Default funiocked?	**- Restrições de tempo:**	
Ambiente:	Definições do sistema	**- Pontuação final de cronometragem:**	

Resumo da utilização de dispositivos (valores estimados)			bl
Utilização da lógica	Usado	Disponível	Utilização
Número de registos de fatias	9	11440	0%
Número de LUTs de fatia	11	5720	0%
Número de pares LUT-FF totalmente utilizados	5	15	33%
Número de IOBs vinculados	28	102	27%
Número de BUFG/BUFGCTRLs	1	18	6%

Fig. 6.5 Captura de ecrã que mostra os componentes utilizados.

Resumo da utilização do dispositivo		ЬІ
Utilização da lógica de fatias	**Usado**	**Utilização disponível l4ote(s)**
Número de registos de fatias	9	ll_r 4401%
Número utilizado como Flip Flops	9 '..l o	5_r 7201%
Número utilizado como trincos		
Número utilizado como Latch-thrus	0	
Número utilizado como lógica E/OU	0	
Número de LUTS de corte	14	
Número utilizado como lógica	11	5_r 7201%
Número que utiliza apenas a saída 06	11	l_r 4400%
Número que utiliza apenas a saída 05	0	
Número que utiliza 05 e 06	°	
Número utilizado como ROM		
Número utilizado como memória	o	
Número utilizado exclusivamente como route-thrus	0	
Número com carga de registo no mesmo segmento	3	
Número com carga de transporte da mesma fatia	3	
	0	

Fig 6.6 Captura de ecrã que mostra o resumo da utilização do dispositivo

```
Timing constraint: Default path analysis
  Total number of paths / destination ports: 46 / 6
--------------------------------------------------------------------
Delay:               7.710ns (Levels of Logic = 5)
  Source:            fetched<5> (PAD)
  Destination:       data_match (PAD)

  Data Path: fetched<5> to data_match
                              Gate     Net
    Cell:in->out     fanout   Delay    Delay   Logical Name (Net Name)
    -----------------------------------------  ------------
      IBUF:I->O          3    1.222    0.955   fetched_5_IBUF (fetched_5_IBUF)
      LUT6:I1->O         1    0.203    0.924   data_match4 (data_match4)
      LUT5:I0->O         1    0.203    0.808   data_match5_SW0 (N2)
      LUT6:I3->O         1    0.205    0.579   data_match5 (data_match_OBUF)
      OBUF:I->O                2.571           data_match_OBUF (data_match)
    -----------------------------------------
    Total                     7.710ns (4.404ns logic, 3.306ns route)
                                      (57.1% logic, 42.9% route)
```

Fig. 6.7 Captura de ecrã que mostra o atraso.

QUADRO DE COMPARAÇÃO ENTRE O TRABALHO ACTUAL E O TRABALHO PROPOSTO:

Parâmetros	Trabalhos existentes	Trabalho proposto
Atraso total da porta (ns)		
Número de LUT'S		
Registo do número de fatias		
Número de IOB		
Média de saída do ventilador bi		

Tabela 6.8 Tabela de comparação entre o trabalho existente e o trabalho proposto

CAPÍTULO 7

CONCLUSÃO

48

Neste projeto, foi apresentada uma arquitetura eficiente chamada Butterfly Weight Accumulator para calcular a distância hamming para comparação de dados, de modo a diminuir a complexidade e a latência. Os resultados experimentais também ilustram a semelhança. Na arquitetura proposta, a comparação de dados e a geração de bits de paridade são feitas em paralelo.

REFERÊNCIAS

[1] P. Kishore, P.V. Sridevi e K. Babulu "Design de portas lógicas de baixa tensão, baixa potência e alta velocidade usando a técnica GDI modificada", Revista Internacional de Últimas Tendências em Engenharia e Tecnologia (IJLTET), Vol. 7, No. 2, pp.435-444,2016.

[2] Pinninti Kishore, PV Sridevi e K. Babulu, "Somador de transporte de ondulação de baixa potência e otimizado e somador de seleção de transporte usando a técnica MOD-GDI" Proceedings of ICMEET 2015, Lecture Notes in Electrical Engineering, pp 159- 171, Springer India2016.

[3] Byeong Yong Kong, Jihyuck Jo, Hyewon Jeong, Mina Hwang, Soyoung Cha, Bongjin Kim e In-Cheol Park, "Low-Complexity Low-Latency Architecture for Matching of Data Encoded with Hard Systematic Error-Correcting Codes", IEEE Transactions on Very Large-Scale Integration (VLSI) Systems, Vol. 22, No. 7, julho de 2014.

[4] J.Chang, M. huang, J. Shoemaker, J. Benoit, S.-L. Chen, W. Chen, S. Chiu,R.Ganesan, G. Leong, V. Lukka, S. Rusu, e D. Srivastava, Prinzie, "The 65-nm 16-MB shared on-die L3 cache for the dual-core Intel xeon processor 7100 series" IEEE J. Solid-State Circuits, vol. 42, no. 4, pp. 846-852, Abr.2007.

[5] J.D. Warok,Y.-H. Chan, S. M. Carey, H. Wen, P. J. Meaney, G. Gerwig, H. H. Smith, Y.H. Chan, J. Davis, P. Bunce, A. Pelella, D. Rodko, P. Patel, T. Starch, D. Malone, F. Malgioglio, J. Neves, D. L. Rude e W.V. Huott "Implementação do circuito e do projeto físico do chip do microprocessador para o sistema zEnterprise". IEEE J. Solid State Circuits, vol. 47, no. 1, pp. 151-163, Jan. 2012.

[6] H. Ando, Y. Yoshida, A. Inoue, I. Sugiyama, T. Asakawa, K. Morita, T. Muta e T. Motokurumada, S. Okada, H. Yamashita e Y. Satsukawa, "A 1.3 GHz fifth generation SPARC64 microprocessor," in IEEE ISSCC. Dig. Tech. Papers, fevereiro de 2003, pp. 246-247.

[7] M. Tremblay e S. Chaudhary, "A third-generation 65nm 16-core 32- thread plus 32- scout-thread CMT SPARC processor" in ISSCC. Dig.Tech. Papers, fevereiro de 2008, pp. 82-83.

[8] AMDInc.(2010).Family10thAMDOpteronProcessorProductDataSheet, Sunnyvale, CA, EUA

[9] W. Wu, D. Somasekhar e S.-L. Lu, "Comparação direta de informação codificada com códigos de correção de erros", IEEE Trans. Very Large Scale Integr. (VLSI) Syst., vol. 20, no. 11, pp. 2147-2151, Nov.2012.

[10] M. Naga Kalyani e K. Priyanka, "Implementação de Códigos de Correção de Erros Sistemáticos para Correspondência de Dados Codificados", Revista Internacional de Ciências de Engenharia e Tecnologia de Investigação,

[Kalyani*, 4.(9): setembro,2015.

[11] Mary Francy Joseph e Anith Mohan, "Improved Architecture for Tag Matching in Cache memory Coded with Error Correcting Codes", Global Colloquium in Recent Advancement and Effectual Researches in Engineering, Science and Technology (RAEREST2016).

[12] Steffi Philip Mulamoottil1 Dr. E. Nagabhooshanam Nimmagadda Ravali, "Síntese de dados codificados com códigos de correção de erros utilizando a arquitetura BWA", IOSR Journal of Electronics and Communication Engineering (IOSR

n bits

Fig 3.10 Formato do código Reed Solomon

ENCODING:

- A mensagem é o polinómio p(x). É multiplicado pelo polinómio gerado g(x).

- A mensagem codificada é r(x)=p(x)* *g(x).

DECORAÇÃO:

- O recetor recebe então o mensageiro(x).

- Então r(x) é dividido por g(x).

- Se o resto=0, então o erro não existe.

- Se o resto não for igual a 0, existe um erro.

- As posições de erro são dadas pelo próprio polinómio.

CÓDIGO GOLAY:

- Os Códigos Binários de Golay foram inventados por Marcel. J. E. Golay.

- Existem dois tipos de Códigos de Golay Binários. São eles o código binário de Golay alargado e o código binário de Golay perfeito.

I want morebooks!

Buy your books fast and straightforward online - at one of world's fastest growing online book stores! Environmentally sound due to Print-on-Demand technologies.

Buy your books online at
www.morebooks.shop

Compre os seus livros mais rápido e diretamente na internet, em uma das livrarias on-line com o maior crescimento no mundo! Produção que protege o meio ambiente através das tecnologias de impressão sob demanda.

Compre os seus livros on-line em
www.morebooks.shop

info@omniscriptum.com
www.omniscriptum.com

Printed by Books on Demand GmbH, Norderstedt / Germany